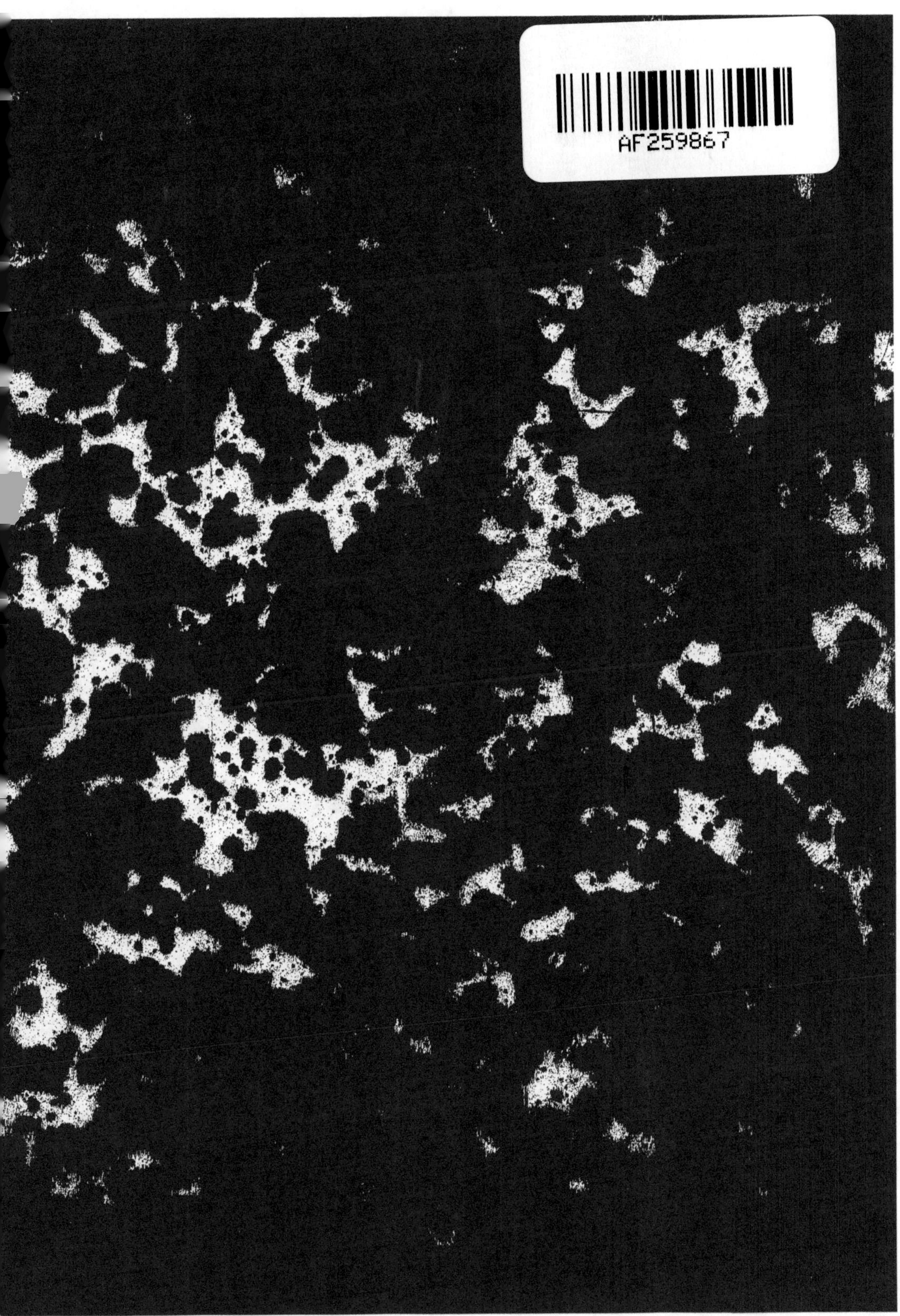
AF259867
AF259867

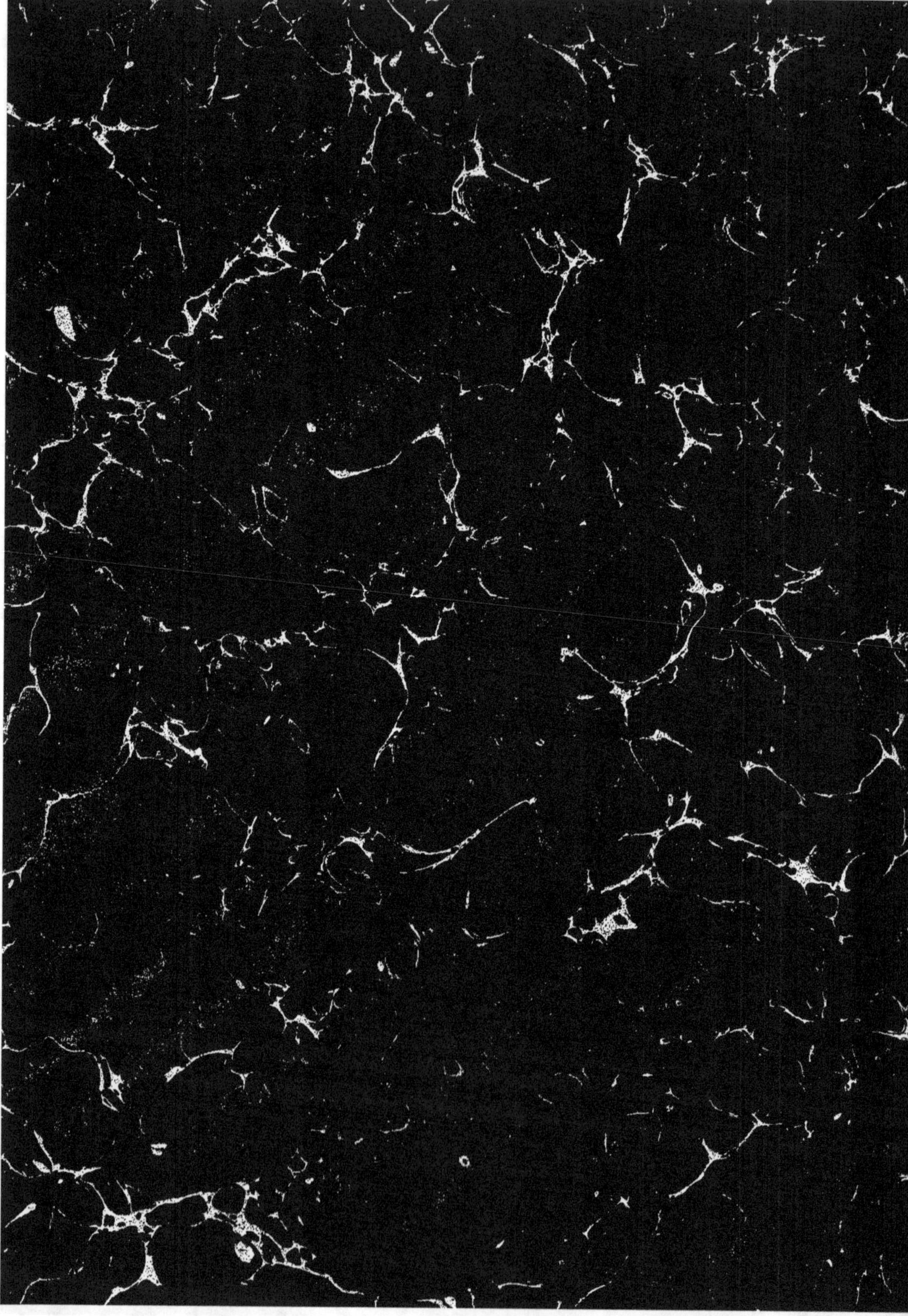

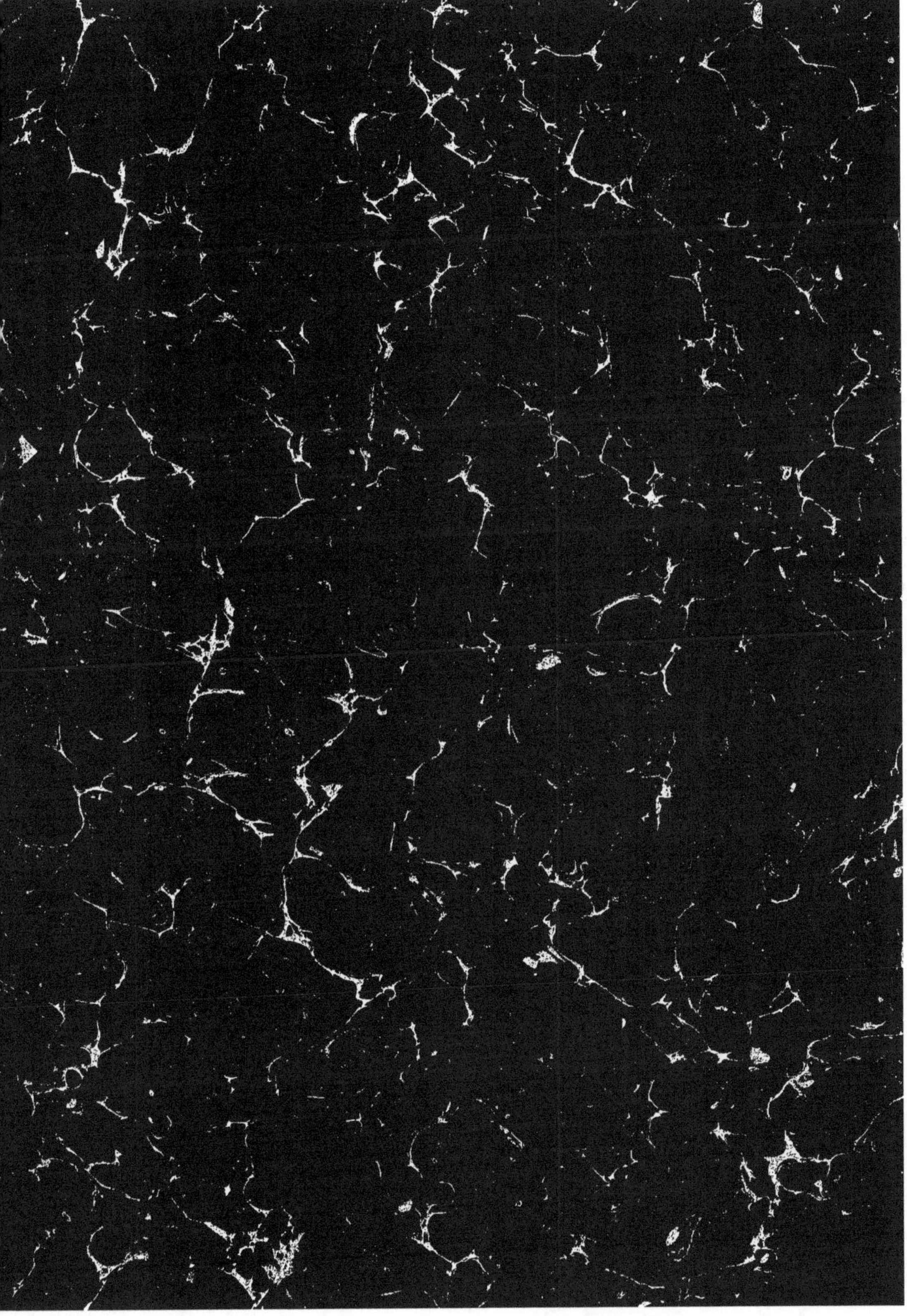

HISTOIRE D'UN NAVIRE
recits d'un
JEUNE MARIN,
PAR
A. de Resbecq

HISTOIRE D'UN NAVIRE

D'UN JEUNE MARIN.

HISTOIRE
D'UN NAVIRE.

Le hasard ayant réuni au mois d'août dernier plusieurs jeunes parents de la même famille, au château de Santes, près Lille, où ils étaient venus passer leurs vacances, chez un ancien capitaine de vaisseau, leur oncle à tous, il fut décidé que, pour mieux employer l'après-dîner, et aussi par un juste sentiment d'égard envers leur hôte auquel ils aimaient à tenir compagnie, chacun raconterait, et à tour de rôle, ce qu'il savait le mieux. D'ordinaire les écoliers ont peu vu et savent rarement rapporter ce qu'ils ont appris ; cependant, au dire du noble vieillard qui avait couvoqué la jeune assemblée dont je parle, les *après-dîners* du château de Santes laissaient déjà en lui de précieux souvenirs. Il exigea que j'en jugeasse par moi-même en me retenant chez lui, le jour où le jeune Arthur de Liéven, aspirant de marine, se plut à initier ses cousins à l'art merveilleux de la navigation. Arthur avait rapporté de Brest et de Nantes,

Au-dessus des ponts et des gaillards de ces vastes cachots, on avait élevé des toitures informes, destinées à servir d'abri pendant le jour aux malheureux qui venaient demander un peu d'air après avoir épuisé toutes leurs forces à lutter durant la nuit contre l'atmosphère infecte des batteries ou de la cale.

A chaque instant, l'officier commandant le ponton faisait compter ses prisonniers pour prévenir ou constater les désertions qu'il redoutait de la part de ces infortunés toujours prêts à exposer leur vie pour tenter le moyen de fuir leurs inflexibles geôliers. D'heure en heure les barreaux de fer des sabords étaient visités, sondés, heurtés dans tous les sens, comme dans les bagnes on heurte, on sonde l'anneau que les forçats traînent aux pieds, et qu'ils essaient sans cesse de limer ou de rompre pour échapper aux gardes qui les suivent sans cesse.

Mais quelque scrupuleuse et quelque prévoyante que fût la surveillance des geôliers anglais, l'adresse des prisonniers était encore plus ingénieuse, et les moyens qu'ils employaient pour s'affranchir de leur prison parvenaient quelquefois à vaincre et à surmonter les moyens qu'on mettait en usage pour les y retenir.

Faire un trou pour déserter d'un ponton, c'était faire un chef-d'œuvre de ruse, de patience et de génie.

Et c'était là ce que faisaient les moindres prisonniers! Un treillage en bois s'élevait extérieurement sur le flanc de chaque ponton à dix-huit pouces environ au-dessus de la mer. Sur ce treillage veillaient nuit et jour des sentinelles attentives au moindre bruit, au moindre mouvement, au moindre souffle.

Lorsque la nuit environnait de calme et de silence le ponton dans lequel dormaient les prisonniers, et le rivage gardé par une nombreuse garnison et ces flots tranquilles qu'effleurait la bise, on ne pouvait jeter un cri, fredonner une chanson, dire une parole qui ne fût entendue par les sentinelles, recueillie, comme un indice alarmant par les hommes de quart, et dénoncée bientôt comme le signal d'une révolte générale.

Le jeune auditoire ne put s'empêcher de frissonner au récit de ces tourments causés à nos braves marins.

CONSTRUCTION.

La construction est l'art de bâtir les vaisseaux; ce mot comprend la préparation, le travail, l'arrangement, l'assemblage et la liaison de toutes les pièces qui composent le corps d'un bâtiment de mer. Les ingénieurs donnent les plans et les charpentiers les exécutent. — On dit d'un vaisseau qu'on s'occupe à bâtir, qu'il est en construction, ou sur les chantiers. Les espaces, où dans un port on prépare les pièces composantes d'un vaisseau, et où l'on exécute toutes les opérations relatives à la pratique de la construction, reçoivent le nom de chantier de construction, comme le plan incliné sur lequel repose un vaisseau pendant sa bâtisse est désigné sous le nom de cale de construction.—Les formes que les divers peuples navigateurs ont affectées de donner à leurs bâtiments présentent des différences qui servent à distinguer ces bâtiments entre eux, et on les désigne en disant, des uns ou des autres, qu'ils sont des constructions, ou française, ou anglaise, ou américaine, etc.

Vous voyez ce plan incliné sur le quai, c'est la cale de construction, sur laquelle on vient ranger des pièces de bois en largeur, qui prennent le *ber* ou berceau sur lequel sera élevé tout l'édifice du navire. Sur ce ber on étend une pièce longitudinale nommée quille, et qui est destinée à recevoir et à unir les membres du vaisseau. A l'extrémité de la quille on élève à l'avant une pièce de bois recourbée nommée *étruve*, et à l'arrière une autre pièce oblique nommée *étambord*, sur laquelle viendra s'appuyer le gouvernail. On range sur la quille, de distance en distance, ce qu'on appelle *couples;* on peut les comparer aux côtes du corps humain par leur forme et par leur emploi; vous seriez étonné si l'on vous disait de quelle quantité de pièces les couples sont composés. Il n'en entre pas moins de sept ou huit. Les couples une fois posés on les relie ensemble par les *lisses*, et la membrure du bâtiment est alors terminée. Il s'agit de le recouvrir et d'établir les planchers destinés à former les différents étages du bâtiment, qui ressemble alors à un squelette; on le recouvre alors à l'intérieur et à l'extérieur de planches nommées *bordages*, pour la partie extérieure ; et *vaigres* pour la partie intérieure. Les couples sont réunis dans le sens de la largeur par des poutres semblables à celles de nos appartements, et que le bon goût de nos architectes dérobe aujourd'hui sous les plafonds. Dans cet état le vaisseau est livré au *calfatage* qui doit empécher l'eau de pénétrer dans sa cale. Les fentes sont bourrées avec des étoupes recouvertes d'un enduit de *beni*, sorte de résine noire.

L'art de la construction d'un vaisseau est fondé sur les connaissances les plus vastes dans la plupart des sciences mathématiques. Pour faire comprendre cette immense construction, dans sa conformation, dans son ensemble et dans son mécanisme, dit un écrivain breton, il ne faudrait pas dire : voici comme il est fait, voici comme il est gréé, voici comme il manœuvre, voici comme il marche ! Non, un pareil ouvrage échappe à la description et à l'analyse. Il faudrait vous mener sur le quai de Brest, quand une escadre arrive sur sa rade ou dans ses bassins ; il faudrait vous promener dans les chantiers où se taille et se joint sa membrure ; il faudrait surtout vous jeter au milieu d'un beau combat, au milieu d'une grande et majestueuse tempête, puis vous dire : regardez ! vous comprendriez alors ce que tout l'art d'un écrivain ne vous reproduira jamais.

L'étranger qui visite un port, dit M. Paccini, ne doit pas oublier la salle des modèles. Chaque vaisseau que l'on construit est reproduit en même temps en petit ; on y emploie scrupuleusement, quoique dans des dimensions réduites, le même nombre de pièces, chevilles, clous, agrès. Chacun de ces modèles, de la plus complète exactitude, est d'une valeur d'environ **25,000** fr. Cette collection intéressante fournira à la postérité les documents qui nous manquent pour connaître les véritables formes des navires des siècles passés.

La plupart des ports ont été formés par la nature ; mais la main de l'homme les a perfectionnés, soit en resserrant leur ouverture par des *jetées*, espèces de digues tantôt en bois ou en maçonnerie, soit en creusant des bassins où l'eau est retenue par des écluses et ne peut se retirer lors du flux. Quoiqu'il existe sur la Méditerranée et l'Océan beaucoup d'*anses* ou espèces de ports naturels, il n'y en a cependant qu'un petit nombre sur lesquels des établissements aient été formés, soit parce que les uns sont trop resserrés, ou rendus dangereux par les rochers ou les sables qui en ferment l'entrée.

CONSTRUCTION.

Wild, Editeur. Passage du Saumon, 38.

LANCEMENT.

Un vaisseau est lancé à la mer lorsqu'après avoir été construit à terre sur un plan incliné, il est abandonné à sa propre pesanteur, qui le fait glisser sur le chantier, et l'entraîne à la mer. On lance un bâtiment de l'État en enveloppant sa partie inférieure d'un berceau, qui glisse sur le chantier, et emporte avec lui le bâtiment qu'il soutient. Les bâtiments de commerce sont lancés d'une manière moins dispendieuse, parce que leur grandeur est moins considérable que celle des vaisseaux de guerre. Leur quille glisse sur le chantier dans une coulisse faite exprès, et un bâti de charpente qui est élevé de chaque côté des vaisseaux, à la hauteur de l'extrémité de leurs varangues, ou attaches, prévient ou empêche la chute latérale de ces bâtiments pendant leur course.

Le *lancement* d'un navire est toujours, dans un port, le sujet d'une fête publique. Les constructeurs jouissent de leur œuvre qui ce jour-là reçoit en quelque sorte les hommages de l'admiration universelle. Et puis, n'est-ce pas toujours un magnifique spectacle que cet immense bâtiment que l'homme a construit tout entier et qu'il sait encore mouvoir?

« On m'avait toujours promis, dit M. Fulgence Girard, que j'assisterais au lancement de *la Marie*, et Dieu sait par combien d'assiduité et d'étude je m'étais efforcé de mériter cette faveur. Le jour vint : j'étais en pension. Dès le matin, un large pavillon déployé sur l'arrière du navire, et les charpentiers que j'aperçus occupés dans la grève à installer la coulisse que devait suivre le bâtiment en glissant vers la mer, m'apprirent que la mise à l'eau de *la Marie* devait avoir lieu à la marée du soir. La journée passa pour moi dans l'impatience et dans l'attente.

» Lorsque j'arrivai dans le chantier, tous les préparatifs étaient presque terminés ; plusieurs marins armés de longs pinceaux finissaient de graisser la coulisse avec du suif qui bouillait dans des chaudières à *brai*. Le navire, dégagé de tous ses accores, ne conservait quelques uns de ses étais que comme des béquilles qu'emploient souvent les pataches dans nos petits ports pour conserver durant la mer basse la position horizontale de leur pont.

» Une foule immense s'était répandue dans la grève ou groupée sur les hauteurs, d'où l'on pouvait découvrir le navire. Beaucoup de jeunes gens, pour mieux jouir du spectacle, s'étaient jetés dans des canots, à qui la marée montante permettait à chaque instant de serrer par leurs bordées de plus près du rivage.

» Mon arrivée, continue le narrateur, fut opportune, M. le curé mettait le pied sur le bâtiment au même instant que moi ; et ma jeune cousine, pauvre enfant qui, jolie, candide et bonne, n'a pu depuis trouver grace devant la mort, attendait avec impatience le bouquet que, comme parrain, je devais lui offrir, à elle la marraine du navire.

» Un instant après le curé en blanc surplis et en étole recevait de notre bouche le nom de *la Marie*, qu'il donnait au bâtiment.

» La mer lavait déjà de ses lames montantes une grande partie de la coulisse. Les dernières mesures venaient d'être prises par les charpentiers et par les matelots ; les pavillons sur l'avant et l'arrière de *la Marie* avaient reçu de nouvelles couronnes de fleurs ; la foule attendait, attentive et silencieuse. Le navire lui-même, couché sur le chantier, l'arrière, comme d'habitude, dirigé vers le port, semblait avec ses étais une bête à cent pattes qui, prête à se hasarder sur un fond difficile, alongeait la tête pour étudier l'espace qu'elle allait parcourir.

» Le signal ne se fit pas attendre longtemps. — Largue la clef ! dit le constructeur d'une voix puissante. Largue !

» Le dernier morceau de bois qui retenait le bâtiment tomba sous la hache ; le navire, n'étant plus enchaîné par aucun lien, semble s'ébranler de lui-même sur son ber. Ce fut d'abord un mouvement lent et indécis, comme un homme qui a devant lui un abîme à franchir. *La Marie* semble hésiter un instant à prendre sa course ; mais à mesure qu'elle s'avance dans la rainure suiffée, la vitesse de sa marche devient plus grande. Enfin, elle glissa droite et rapide, au milieu des cris et des *vivats*, jusqu'à ce qu'elle plongea dans la mer, dont les vagues vinrent en écumant embrasser ses vierges préceintes. »

Ferd.ᵗ Perrot del.ᵗ

Lith. Rigo Fʳᵉˢ et. Cⁱᵉ

LANCEMENT.

Wild Editeur Passage du Saumon, 58.

CARÉNAGE.

La carène d'un vaisseau est la partie submergée du bâtiment lorsqu'il est à son point de charge ; un vaisseau est en carène quand la partie dont nous venons de parler est à découvert ; qu'on la radoube, calfate et double ; soit qu'il se trouve abattu en quille, ou dans un bassin échoué. On s'attache surtout à remplir les fentes laissées par les planches de filasse goudronnée au feu. On double ensuite la carène avec du bois de sapin ; aujourd'hui cette partie des navires est ordinairement encore recouverte de feuilles de cuivre.

« A ceux qui s'étonneraient des mots particuliers au langage des marins, dit un habile écrivain, l'on peut répondre : Jetez les yeux sur ces vaisseaux totalement différents des habitations terrestres, soit dans leur forme, soit dans leur architecture, soit dans la manière de les bâtir, soit dans celle de les décorer. Analysez toutes les parties de ces masses, si imposantes par leur grandeur et par leur destination. Suivez un peu le travail des charpentiers qui les préparent dans les chantiers. Examinez tous les préparatifs qui deviennent nécessaires pour exécuter une navigation aussi sûre que prompte, quelle que puisse être son étendue : ces cordages, ces voiles, ces vergues, ces mâts, ces ancres, ces poulies, etc., et ensuite ces règles et ces préceptes si variés, soit pour charger les vaisseaux, soit pour les gréer, pour les mouvoir, soit pour les conduire à une destination déterminée. Parcourez enfin les nombreux ateliers des ports, les distributions intérieures et multipliées des vaisseaux, et faites l'énumération de cette foule d'objets qui appartiennent exclusivement à la marine. Vous jugerez alors du nombre immense de termes qui sont propres uniquement à la langue des marins. C'est ainsi qu'au milieu de ces apprêts, de ces opérations, de ces travaux variés, qui semblent ne conserver aucune ressemblance avec ce qui se passe dans la société ordinaire, les habitants des mers, qui vivent séparés du reste de l'univers pendant de longs voyages, qui toujours ne sont entourés que d'objets, ou occupés de travaux différents de ceux qui appellent leur attention au centre de leur pays, ont dû par conséquent composer, pour la communication mutuelle de leurs idées et pour s'entendre réciproquement dans leurs manœuvres et leurs opérations, un langage nouveau. » Mais ce sujet est trop aride, et vous me permettrez de l'abandonner pour vous entretenir d'un sujet sur lequel nos dessins ne disent rien, mais qui n'en est pas moins très important.

A ce propos, dit le conteur, je veux vous dire combien, dans la marine, la discipline est sévère. Elle surpasse encore celle qui régit l'armée de terre. Je n'en veux pour exemple que la mort de deux pauvres jeunes gens dont le crime était grand sans doute, mais dont le repentir sincère méritait grace. Je n'ai point été témoin de leur exécution, mais j'en ai lu les touchants détails dans le *Journal des Naufrages*, et ma mémoire en a gardé un fidèle souvenir.

« Il était huit heures du matin, et le pavillon de punition flottait à la tête du grand mât. On entendit un coup de canon. C'était le signal du supplice. Le capitaine d'armes entra dans la prison, ouvrit le cadenas au bout de la barre, et après avoir ôté les fers des deux condamnés, il ordonna aux soldats de marine de conduire les prisonniers sur le gaillard d'arrière.

» Là se passa une scène imposante et difficile à décrire. Le ciel était serein, la mer n'offrait pas une ride à sa surface, et le zéphyr agitait mollement les pavillons des vaisseaux dont les vergues étaient en croix ; les équipages, en ordonnance comme aux jours de fête, étaient groupés dans les haubans comme un essaim d'abeilles. Trente canots faisaient la garde autour du vaisseau.

» Au coup de sifflet aigu de l'officier et du maître d'équipage, les matelots enlevèrent les écoutilles.... Après cinq minutes d'un silence effrayant, on entendit quelques gémissemens... bientôt on vit paraître les deux jeunes condamnés ; ils se rendirent sans prononcer un mot à la place qui avait été désignée. On lut leur sentence et l'ordre d'exécution donné par le commandant en chef. Après cette lecture, le prêtre qui les accompagnait vint de nouveau s'entretenir avec eux. — Un signal fut donné. On les amena avec la corde, dont une extrémité était tenue par trente hommes portés de chaque coté du navire et sous la surveillance d'un lientenant.... Tout étant prêt, le capitaine agita un mouchoir blanc, un coup de canon se fit entendre, et l'on vit les deux patients suspendus aux bras de la vergue de misaine....

» Le crime de ces deux jeunes gens était d'avoir frappé un de leurs officiers. »

CARÉNAGE.

Wild, Éditeur, passage du Saumon, 38.

généraux dans la manière de gréer qui ne permettent pas aux hommes de mer de prendre une manœuvre pour une autre. — On divise les différents genres d'armement en autant d'espèces qu'il y a pour ainsi dire de destinations diverses à donner aux navires. — Il y a deux natures principales d'armement, l'armement en guerre et l'armement en paix. — L'armement en guerre comprend l'armement en course. Ce dernier genre d'armement s'applique aux bâtiments légers du commerce dont pendant la guerre leurs propriétaires veulent faire des corsaires.

Lorsque les bâtiments de guerre arment sur le pied de paix, ils ne conservent à bord qu'une partie de leur artillerie et de leur équipage. On dit aussi, pour désigner cette espèce d'armement d'un bâtiment de guerre, que tel vaisseau ou telle frégate *arme en flûte*. — Les *flûtes* sont des bâtiments de l'État qui servent de transports à la suite de l'escadre, ou que l'on emploie à un genre de navigation qui n'exige pas un complet armement de guerre. Les flûtes sont généralement désignées dans la marine sous le nom plus significatif de gabares. Lorsqu'un vaisseau de ligne arme en *flûte*, on lui retire les canons de sa batterie, et on réduit ordinairement à trois cent cinquante hommes son équipage, qui, sur le pied de guerre, doit être composé de sept à huit cents hommes.

Il existe encore en temps de guerre, pour les bâtiments du commerce, un genre d'armement mixte : c'est l'armement *en guerre* et *en marchandise*. Les navires ainsi armés par le commerce se nomment des *aventuriers*. On remplit leur cale d'objets propres à la vente, et on place dans leur batterie, s'ils en ont une, ou sur le pont, quelques pièces de canon pour le cas où ils auraient à défendre leur cargaison contre l'attaque de quelques petits bâtiments ennemis. Un vaisseau de guerre armé, a dit un grand écrivain, est le miracle de l'industrie humaine. Ce mot est surtout vrai pour tous ceux qui savent quelle réunion d'efforts et quel concours de moyens ingénieux président à l'installation en mer d'un vaisseau de ligne.

(Dictionnaire de la Conversation et de la Lecture.)

Frod. Perrot Brest

Lith. Rigo. et Cie

ARMEMENT.

Wild, Éditeur. Passage du Saumon, 56.

— Eh bien ! récite-le-nous, dit M. Liéven.

Le jeune écolier eut le bon esprit de ne se point faire prier, et il dit :

Je ne pouvais rassasier mes yeux du spectacle magnifique de cette grande ville, où tout était en mouvement. Je n'y voyais point, comme dans les villes de la Grèce, des hommes oisifs et curieux, qui vont chercher des nouvelles dans la place publique ou regarder les étrangers qui arrivent sur le port. Les hommes sont occupés à décharger leurs vaisseaux, à transporter leurs marchandises ou à les vendre, à ranger leurs magasins, et à tenir un compte exact de ce qui leur est dû par les négociants étrangers. Les femmes ne cessent jamais, ou de filer des laines, ou de faire des dessins de broderie, ou de plier les riches étoffes.

D'où vient, disait Télémaque à Narbal, que les Phéniciens se sont rendus les maîtres du commerce de toute la terre, et qu'ils s'enrichissent ainsi aux dépens de tous les autres peuples? Vous le voyez, lui répondit-il : la situation de Tyr est heureuse pour le commerce. C'est notre patrie qui a la gloire d'avoir inventé la navigation : les Tyriens furent les premiers, s'il faut en croire ce qu'on raconte de la plus obscure antiquité, qui dominèrent les flots longtemps avant l'âge de Typhis et des Argonautes tant vantés dans la Grèce. Ils furent les premiers qui osèrent se mettre dans un frêle bateau à la merci des vagues et des tempêtes, qui sondèrent les abîmes de la mer, qui observèrent les astres loin de la terre, suivant la science des Égyptiens et des Babyloniens, enfin qui réunirent tant de peuples que la mer avait séparés. Les Tyriens sont industrieux, patients, laborieux, propres, sobres et ménagers. Ils ont une exacte police, ils sont parfaitement d'accord entre eux : jamais peuple n'a été plus constant, plus sincère, plus fidèle, plus sûr, plus commode à tous les étrangers.

Ferd.t Perrot, Brest.

Lith. Augt Bez.

CHARGEMENT.

Wild, Editeur Passage du Saumon, 38.

les nuits s'écoulent dans ce repos funeste : ce soleil, dont l'éclat naissant ranime et réjouit la terre; ces étoiles, dont les rochers aiment à voir briller les feux étincelants; ce liquide cristal des eaux, qu'avec tant de plaisir nous contemplons du rivage, lorsqu'il réfléchit la lumière et répète l'azur des cieux, ne forment plus qu'un spectacle funeste; et tout ce qui, dans la nature, annonce la paix et la joie, ne porte ici que l'épouvante et ne présage que la mort.

Cependant les vivres s'épuisent, on les réduit, on les dispense d'une main avare et sévère. La nature qui voit tarir les sources de la vie en devient plus avide; et plus les ressources diminuent, plus on sent croître les besoins. A la disette enfin succède la famine, fléau terrible sur la terre, mais plus terrible mille fois sur le vaste abime des eaux; car au moins sur la terre quelque lueur d'espérance peut abuser la douleur et soutenir le courage; mais au milieu d'une mer immense, solitaire et environné du néant, l'homme, dans l'abandon de toute la nature, n'a pas même l'illusion pour le sauver du désespoir : il voit comme un abime l'espace épouvantable qui l'éloigne de tout secours; sa pensée et ses vœux s'y perdent; la voix même de l'espérance ne peut arriver jusqu'à lui.

Les premiers accès de la faim se font sentir sur le vaisseau, cruelle alternative de douleur et de rage, où l'on voit des malheureux, étendus sur les bancs, lever les mains vers le ciel, avec des plaintes lamentables, ou courir éperdus et furieux, de la proue à la poupe, et demandant au moins que la mort vienne finir leurs maux.

Ferd.t Perrot, Brest

Lith. Rigo F.res et C.ie

EN RADE. (Calme plat)

Wild Editeur, Passage du Saumon, 38.

L'APPAREILLAGE.

L'*appareillage*, dit le Dictionnaire de Marine, est l'état d'un vaisseau qui vient de lever ses ancres pour mettre le vent dans ses voiles, afin de commencer une route déterminée. Hier, le calme plat retenait dans la rade ce navire qui n'attendait qu'un vent favorable pour s'élancer à travers la mer; aujourd'hui la brise est venue; aussi regardez-le, à bord tout est en mouvement, on s'apprête à *appareiller*.

Le pavillon de partance est hissé; les embarcations sont mises à leur place entre le grand mât et le mât de misaine et amarrées à poste fixe, et un frémissement de vie court dans tous les membres du navire. Il répand son équipage sur son pont, dans ses hunes, le pend à ses vergues et le jette par grappes sur ses haubans. Les poulies crient sous les cordes, les grandes voiles s'étendent sous leurs ralingues; les vergues montent lentement vers les bancs; les focs échancrés flottent en écharpes, secouant joyeusement leurs écoutes; le pavillon national s'élève et se déploie majestueusement sur le couronnement doré du vaisseau, pendant que sa flamme capricieuse s'agite et claque comme un fouet au sommet du grand mât.

Tout à coup, voilà que le mouvement se communique à la masse entière; on lève l'ancre qui mordait le fond; le vaisseau s'ébranle, ouvre au vent toutes ses voiles, bondit de joie sur la houle et part.

« Voyez comme son étuve et sa poulaine enrichie de sculptures coupent tranquillement devant lui l'air et l'eau! Comme il glisse au milieu de la ceinture d'écume qui danse autour de ses flancs! »

« Mais la roue tourne, le gouvernail fait un mouvement. Avez-vous vu avec quelle précision cette vaste machine a suivi l'impulsion d'un faible morceau de bois; comme les voiles, un instant *faceyantes*, ont retourné leurs larges ballons à la brise, et comme le vaisseau, qui semblait dormir, couché sur le flanc gauche, s'est relevé avec grace et dignité pour se recoucher mollement sur le flanc droit? Il s'éloigne, il quitte la rade en jetant au rivage un coup de canon pour adieu… »

« Le voilà parti, parti pour des années, parti pour un autre monde! Que deviendra-t-il, voyageur errant sur un désert sans routes? Quelles seront tes aventures, tes périls, tes victoires, tes malheurs, beau navire ! »

Oh! si vous pouviez le suivre au milieu des accidents de sa route et des vicissitudes de sa destinée, de sa destinée inconstante comme la face du ciel, mobile comme la mer qui le ballotte!

Quand vous l'avez vu partir, il s'en allait bien fier et bien tranquille sous un ciel bleu, sur des flots caressants. Il étalait avec orgueil ses vives peintures, l'or de sa guibre et de son couronnement; il se jouait, plein de confiance, sous toutes ses voiles. Il emportait joyeusement un joyeux équipage qui chantait sur son pont, dans ses batteries et dans sa mâture.

Eh bien! demain peut-être, tout changera, le ciel déroulera son rideau de nuages, l'Océan se gonflera, se dressera rugissant devant lui; le vent lui jettera ses épouvantables rafales; tiens bon, vaillant navire ! Serre tes hautes voiles, obéis au vent pour mieux le vaincre, et prends garde aux écueils!

Eh bien! s'il n'est pas broyé contre un rocher, s'il ne sombre pas dans quelque abime, bientôt vous le verrez se reposer dans l'acalmie des fatigues de la tempête, se bercer sur une mer paisible, en réparant, pour la prochaine bourrasque, sa coque disjointe et son gréement en lambeaux.

« Voilà sa vie, sa vie de voyage du moins, car il en est une autre pour lui, vie de dangers et de désastres, mais belle, intrépide, glorieuse; qu'il bondisse au milieu du feu et de la fumée; qu'il coule bas criblé de boulets, ou qu'il hisse le pavillon ennemi sous son pavillon vainqueur. »

(P. CHEVALIER. —*France Maritime.*)

APPAREILLAGE.

Wild, Editeur. Passage du Saumon, 38.

beaux et les enlève au loin avec un fracas effroyable. Le navire cependant, soulagé par la perte presque de toute sa voilure, arrive en suivant l'impulsion que lui donne sa barre portée depuis longtemps au vent. Il se redresse progressivement. Le grain qui l'avait assailli a paru à peine effleurer la surface tranquille de la mer ; le calme qu'il a interrompu pendant quelques minutes seulement renaît ; on n'entend même plus à bord le sifflement de la rafale qui a passé comme un coup de foudre, et qui s'éloigne pour mourir dans l'espace. Mais la mâture a été ébranlée, brisée dans quelques parties ; les voiles n'ont laissé que des lambeaux sur les vergues que l'effort du vent a ployées et dépouillées de leurs agrès. Il faut réparer les avaries, visiter le gréement et la mâture pour connaître toute l'étendue des dommages occasionnés par le grain. C'est ainsi, comme on le voit, qu'au milieu du calme le plus parfait, les marins ont encore à redouter les accidents qui menacent à chaque instant leur vie aventureuse.

Ferd.ᵗ Perrot, Nantes.

Lith. Rigo Fᵉˢ et Cⁱᵉ

LE GRAIN.

Wild, Editeur. Passage du Saumon, 36.

GROS TEMPS.

Le mot *temps* est souvent employé par les marins comme synonyme avec *vent*, parce que c'est par le vent surtout que l'état de l'air est intéressant pour les navigateurs. C'est pourquoi on dit qu'il fait gros ou petit temps, beau ou mauvais temps, pour indiquer que le vent régnant est fort ou faible, favorable ou contraire, etc.

C'est surtout dans les ouragans que se développent mieux tout le génie et toute la puissance du marin : il semble qu'alors le vaisseau, impatient d'user du mouvement et de la vie qu'on lui a donnés, s'apprête à partager avec l'homme les efforts de la lutte qu'ils vont soutenir tous deux contre les éléments. Comme il frémit sous les premiers coups de la mer et de la brise! Comme il se relève fièrement sous l'effort des premières rafales qui ont tenté de l'abattre! Et, quand la tempête est dans toute sa force, comme il obéit rapidement aux plus légères impulsions que lui communique la barre ou le moindre lambeau de voile! On dirait qu'il comprend que c'est à la promptitude et à la docilité de ses mouvements qu'est attaché son salut et celui de l'homme qui lui a confié sa destinée.

Dans de pareils dangers, dit M. l'amiral Dumont d'Urville, on voit ce que c'est qu'un chef de navire, un capitaine, ce maître après Dieu. A lui permis, quand il a des goûts d'indolence, de se laisser bercer dans un hamac, pendant des heures favorables, pourvu que le vaisseau glisse sur une mer clémente, avec ses voiles bien orientées et sa route faite. Oui, il peut alors quitter la dunette, s'en remettre à ses lieutenants, ouvrir la route à de jeunes apprentissages; mais au moment où il s'agit de livrer bataille aux éléments, il faut qu'il soit là le général d'armée, qu'il prévienne l'ennemi, qu'il le combatte, qu'il le vainque. C'est une tâche bien belle et bien noble, croyez-moi! Debout sur l'arrière, le front nu, le porte-voix à la main, illuminé d'éclairs, ruisselant de l'eau du ciel et de l'eau de la mer, amarré près du gouvernail quand le flot surplombe le navire; se relevant, quand la lame a passé, pour commander une manœuvre, responsable de la vie de tous ces hommes, de l'avenir des familles qui les attendent, un capitaine de navire doit se grandir alors de toute la majesté de son rôle; il faut qu'il y ait de l'héroïque en lui, ne fût-ce que pendant l'orage; il faut qu'il soit le plus brave au milieu d'une foule de braves. S'il mollit, tout est perdu. Le courage comme la peur a son magnétisme. Qui oserait trembler quand un capitaine porte sa tête haute? Qui ne se rassurerait quand le capitaine a confiance? Qui pourrait désespérer quand le capitaine espère encore?

Je me souviens que, dans *un gros temps semblable,* notre navire qui faisait voile du Hâvre pour Rio-Janeiro fut frappé de la foudre. La commotion électrique fut telle que le capitaine perdit pendant une heure l'usage de ses facultés.

Cet accident, du reste, n'est pas rare. C'est un des grands dangers auxquels les navigateurs se trouvent exposés, principalement dans les latitudes où l'atmosphère est fréquemment troublée par les orages, telles que les Antilles, le voisinage de deux caps aux extrémités de l'Afrique et de l'Amérique. La mâture des navires se termine en pointe, souvent armée de fer, et si élancée aujourd'hui, qu'elle atteint quelquefois la mer chargée du fluide électrique.

On blâme généralement les propriétaires des bâtiments de commerce qui ne prennent pas soin de les pourvoir de paratonnerres. Combien de navires la foudre n'a-t-elle pas précipités dans les abîmes de la mer, sans qu'un seul des malheureux qui les montaient ait pu échapper au naufrage, pour venir accuser l'avarice et la cupidité des armateurs!

GROS TEMS.

Ferd. Perot, Brest

Lith. Rigo F^{res} & Cie

Wild, Editeur. Passage du Saumon, 58.

HOULE.

La *houle* est ce mouvement d'ondulation qui reste aux eaux de la mer longtemps après la cessation du vent qui en a été la cause primitive. Ces ondes, bien différentes des lames, sont à leur égard comme des montagnes à large base et à pente douce, relativement à celles qui s'élèvent à une grande hauteur, et qui sont très escarpées. Leur surface est unie, et leur forme est très alongée; tandis que sous l'influence d'un vent régnant, les lames se couvrent d'écume et s'élèvent plus directement à la hauteur qu'elles doivent prendre en se propageant. — C'est à ces caractères que les marins distinguent ces houles qui sont les oscillations d'une mer qui tend à se calmer, des lames qu'un vent régnant fait naître et augmente successivement.

Les vagues et les lames (1), en battant une côte, empêchent toute communication de la mer au rivage; lors même que le calme règne, si la houle rencontre une terre escarpée, ses longs rouleaux, animés d'un mouvement régulier et monotone, déferlent avec fracas contre l'obstacle qui s'oppose à leur développement, et le couvrent d'écume; ses ondulations viennent-elles échouer sur une plage en pente douce, leur sommet, toujours doué de la même vitesse, surplombe la base que le fond retarde, leur flanc verdi se raie d'écume, leur crète se couronne d'une houppe échevelée, se couche en avant, et brise en étendant au loin sur le rivage une nappe blanche que le sable absorbe et qu'une autre vient incessamment remplacer.

Ainsi, sur les côtes de l'Inde, pendant la belle saison, la mer, à peine agitée par une brise régulière, est couverte de milliers d'embarcations légères qui la sillonnent sans inquiétude; et cependant la houle, insensible au large, se dessine à terre en brisants impétueux; cinq lames se succèdent rapidement, la dernière s'élance au loin sur la plage. A Madras, à Pondichéry, il est impossible aux canots européens de

(1) Marine. — Pacini.

franchir cette barre ; les chelingues, au fond plat, aux bords élevés ; le *catimaron*, radeau insubmersible, peuvent seuls l'affronter. Leurs équipages de *Lascars* accompagnent de chants plaintifs le mouvement de leurs avirons. Leurs cris de *Jaldi*, ordinairement si monotones, se répètent avec l'accent de la plus vive terreur au moment où la lame enlève sur sa crête l'embarcation qu'il n'est plus possible de diriger, et qu'elle roule quelquefois dans ses tourbillons mêlés de sable et d'eau.

Il arrive que par un calme plat, sans cause apparente, une houle prolongée plisse la surface des eaux ; alors les lames du rivage deviennent infranchissables ; et jusque par vingt mètres de profondeur, les ondulations de la houle, gênées dans leur développement, se changent en brisants monstrueux ; le fond de la mer en est remué ; les ancres, solides jusque-là, glissent sur un sol mouvant. A l'île de Bourbon, aux Antilles, dans l'Inde, partout où les bâtiments mouillent en *pleine côte*, un sort funeste attend le marin qui n'aura pas su prévoir le *rat de marée*, et profiter des plus légers souffles de brise pour s'éloigner de la terre ; trop heureux encore, en abandonnant son ancre et sa chaîne, ou son câble, s'il réussit à sauver son navire, son équipage et sa cargaison !

Dans les mers resserrées, les vents soulèvent des vagues moins grosses, des lames plus courtes, et la houle cesse presque en même temps que la brise. Dans un espace encore plus restreint, dans une baie qui ne communique avec l'Océan que par un étroit passage, les grosses houles expirent avant de l'avoir traversé ; les lames, creusées par le vent dans un champ borné, ne deviennent jamais dangereuses. C'est donc dans une petite baie, dans une rade qu'on peut établir des communications faciles avec l'Océan. Les côtes de ces bassins propices sont toujours hospitalières ; par tous les temps une frêle embarcation peut en parcourir la surface, en aborder les rivages, et les navires y trouvent un abri tutélaire dans une mer paisible.

Ferd.ᵈ Perrot, Brest.　　　　　Lith. Rigol.ᵗ & Cⁱᵉ.

HOULE.

Wild Editeur Pass.ᵍᵉ du Saumon 38.

TEMPÊTE.

C'est pendant ces longues heures de coups de vent et de dangers, dit M. Ed. Corbière, que l'on peut remarquer plus particulièrement l'heureuse indifférence que l'habitude du péril donne aux matelots. Assis à l'abri des pavois ou de la chaloupe, pendant qu'une mer furieuse mugit autour d'eux et menace quelquefois d'engloutir le navire, on les voit se réunir et s'approcher le plus possible les uns des autres pour raconter de ces contes dont la tradition perpétue le souvenir parmi les marins. Souvent ils chantent ensemble, d'une voix rauque, ces complaintes monotones comme le bruit des vagues qui les environnent, et mélancoliques comme la plupart des airs qu'aiment les gens de mer. C'est en vain que le vent gronde sur leurs têtes et siffle dans les cordages, que des torrents de pluie les inondent, et que la mer menace de les enlever : ils chantent comme l'ouvrier le plus paisible, au fond d'une boutique ou d'un atelier. Mais souvent leurs narrations ou leurs chants sont interrompus de la manière la plus terrible. Quand le navire, fatigué par la lutte qu'il livre à la tempête, craque dans toutes les parties; que la mâture, dans les mouvements effroyables du roulis, plie et menace de tout écraser par sa chute, une lame vient quelquefois tomber sur le pont avec un fracas effroyable; tout ce qu'elle rencontre est brisé, entraîné; et le navire, caché un instant sous cette montagne d'eau, ne se dégage de la lame qui l'a affaissé, qu'après avoir perdu tout ce qu'il avait sur le pont avec les hommes de quart que la vague furieuse a enlevés. Rien, peut-être, n'est plus terrible, quand un événement de cette sorte a lieu, que le sentiment qu'éprouvent, en montant sur le pont, les hommes qui étaient couchés. Tout a disparu; ils cherchent avec effroi leurs camarades : on appelle les gens de quart pour connaître ceux qui ont été assez heureux pour n'avoir pas été emportés. Dans les débris que le coup de mer a laissés, on examine si quelque infortuné n'a pas été écrasé au milieu de ce désordre affreux. On sonde autant que possible les pompes, pour savoir si le choc terrible dans lequel le navire a paru devoir sombrer n'a pas déterminé une voie d'eau. Et encore, si dans la violence de la bourrasque, la voile sur laquelle on avait mis en cape a été mise en pièces par l'impétuosité du vent, il faut, dans l'impossibilité où l'on est de déferler une autre voile, attendre, écrasé par la mer qui tourmente le navire qui n'est plus appuyé, que la tempête se soit calmée, et que le temps permette de reprendre la route et de réparer autant que l'on peut les avaries qu'a causées le coup de mer.

Une chose remarquable, c'est que si dans ces terribles moments les passagers et les marins eux-mêmes témoignent une grande frayeur, et prennent, à part eux, la résolution de renoncer à la mer, s'ils sont assez heureux d'échapper à la tempête, cette terreur et ces belles résolutions s'évanouissent avec le danger. Robinson l'exprime bien par ce récit dont je me souviens encore : A peine le vaisseau était-il sorti de la rivière d'Humber, que le vent commença à fraîchir, et la mer à s'enfler d'une manière furieuse. Comme je n'avais pas été sur mer auparavant, la maladie et la terreur, s'emparant à la fois de mon corps et de mon ame, me plongèrent dans un chagrin indicible.

Déjà la tempête se renforçait, la mer s'agitait de plus en plus; et quoique ce ne fût rien en comparaison de ce que j'ai souvent vu depuis, et surtout de ce que je vis deux jours après, toutefois c'en était assez pour ébranler un nouveau marinier. Je m'attendais à tout moment que les flots nous engloutiraient, et que chaque fois que le vaisseau s'abaissait, il allait toujours au fond de la mer pour n'en plus revenir. Dans cette angoisse je fis vœu plusieurs fois que si Dieu me sauvait de ce voyage, et qu'il me fît la grace de reprendre terre, je ne remonterais de mes jours sur un vaisseau, et je ne m'exposerais plus à de pareilles misères; ces sages pensées durèrent autant que dura la tempête, et même un peu au-delà. Le jour suivant le vent s'était abattu, la mer apaisée, et je commençais un peu à m'accoutumer.

Ferd.tPerrot, Brest   Lith. Rigo.t et C.ie

TEMPÊTE.

Wild Éditeur Passage du Saumon, 38.

NAUFRAGE.

Ce n'est pas seulement en pleine mer que les navires courent risque de faire naufrage. Souvent après une heureuse navigation de plusieurs milliers de lieues, la tempête les surprend au port dans lequel ils allaient entrer, et les brise dans l'endroit même où ils devaient trouver leur salut. Tel est le sort qu'éprouva en 1665 la chaloupe du vaisseau *le Taureau*, de la compagnie des Indes.

Cette compagnie, réunion des négociants qui avaient obtenu, moyennant une certaine redevance à l'État, l'exploitation des provinces encore sauvages, avait envoyé, dans ce but, aux îles du Cap-Vert, une flotte composée des vaisseaux *le St-Paul, le Taureau, la Vierge, le Bon-Port* et *l'Aigle Blanc.*

Partie de Marseille par un temps incertain, cette flotte arriva, après une heureuse navigation, le 3 mars 1665, à la vue du Cap-Vert. Le lendemain elle entra dans la première baie, à une demi-lieue du rivage. L'amiral Véron fit mettre quatre chaloupes à la mer, et, suivi de son état-major, il descendit à terre pour reconnaître le pays et savoir quel accueil il serait fait à la flotte.

Les nègres, habitants du pays, donnèrent mille preuves de satisfaction en apercevant ces étrangers. « Vous êtes Français, disaient-ils, venez, vous serez bien reçus par notre vice-roi qui aime beaucoup les Français. » Ces nègres parlaient portugais. L'amiral les suivit dans un petit village à six cents pas de la mer. Ce petit village était composé de près de cent cases rondes, de quatre à cinq pieds de hauteur. La couverture de chacune se terminait en pointe comme nos glacières; toutes les cases étaient environnées d'une double palissade de branches de palmier, avec une petite cour à l'entrée. La cour du vice-roi, ou plutôt de l'alcade, car c'est le nom qu'on lui donnait, surpassait toutes les autres en grandeur. Elle était au milieu de quatre cases dans l'une desquelles il logeait; sa famille en occupait deux autres, et la quatrième était pour son cheval. L'amiral fut bien reçu par l'alcade qui était un nègre âgé d'environ 47 ans. Il portait un fort beau turban et avait un riche manteau.

Après les civilités d'usage qui eurent lieu de part et d'autre avec une extrême gravité, l'amiral demanda au vice-roi à quelles conditions il permettrait à ces passagers de descendre à terre. Il fut stipulé qu'on remettrait aux nègres six bouteilles d'eau-de-vie et quelques barres de fer. Cette transaction dura quelque temps et lassa la patience de ceux qui étaient restés à bord. Ennuyés d'attendre le résultat de la démarche de l'ambassade envoyée à terre, quelques jeunes officiers et trente passagers, excités par un vif mouvement de curiosité, mirent la chaloupe à l'eau.... En vain le missionnaire Bossordée chercha-t-il à les en détourner, leur représentant qu'il était dangereux de désobéir à l'amiral qui seul pouvait autoriser cette descente; mais ces jeunes étourdis n'écoutaient rien; le missionnaire voulut néanmoins les accompagner pour prévenir les accidents que leurs têtes folles pourraient provoquer. Malheureusement le zèle du prêtre fut inutile. Ces jeunes gens, s'étant amusés à balancer la chaloupe, comme on le fait rarement impunément, même sur des eaux tranquilles, se virent envahis par les vagues, et un instant après totalement submergés; dans ce cruel moment, que leur imprudence avait fait naître, la barque avait disparu, et tous luttaient contre la mort au milieu des tonneaux et des marchandises qui surnageaient. Le généreux missionnaire, voyant bien que la plupart de ses malheureux compagnons, au nombre desquels étaient deux jeunes enfants de onze à douze ans, allaient périr, résolut de se sacrifier pour les sauver au moins de la mort éternelle. Habile nageur, il s'élança au milieu d'eux, et, élevant la tête afin d'être mieux entendu, il leur rappela la solennité du jour, car c'était un jeudi saint, le 4 mars 1665.

— Mes enfants, leur cria-t-il, le moment suprême est venu; faites un acte de contrition, je vais donner une absolution générale.

Il la donna effectivement avec les paroles les plus touchantes... Les naufragés luttaient dans ce moment de toutes leurs forces, il leur semblait que la présence du bon prêtre devait les sauver. Dix-huit seulement d'entre eux furent arrachés à la mort; le missionnaire était épuisé, on le vit porter à sa bouche le crucifix qu'il avait présenté aux premières victimes, et disparaître lui-même pour aller les rejoindre !

Ferd.d Perrot, Brest.   Lith. Rigo F.res C.ie

NAUFRAGE.

Wild. Editeur Passage du Saumon, N.º 56.

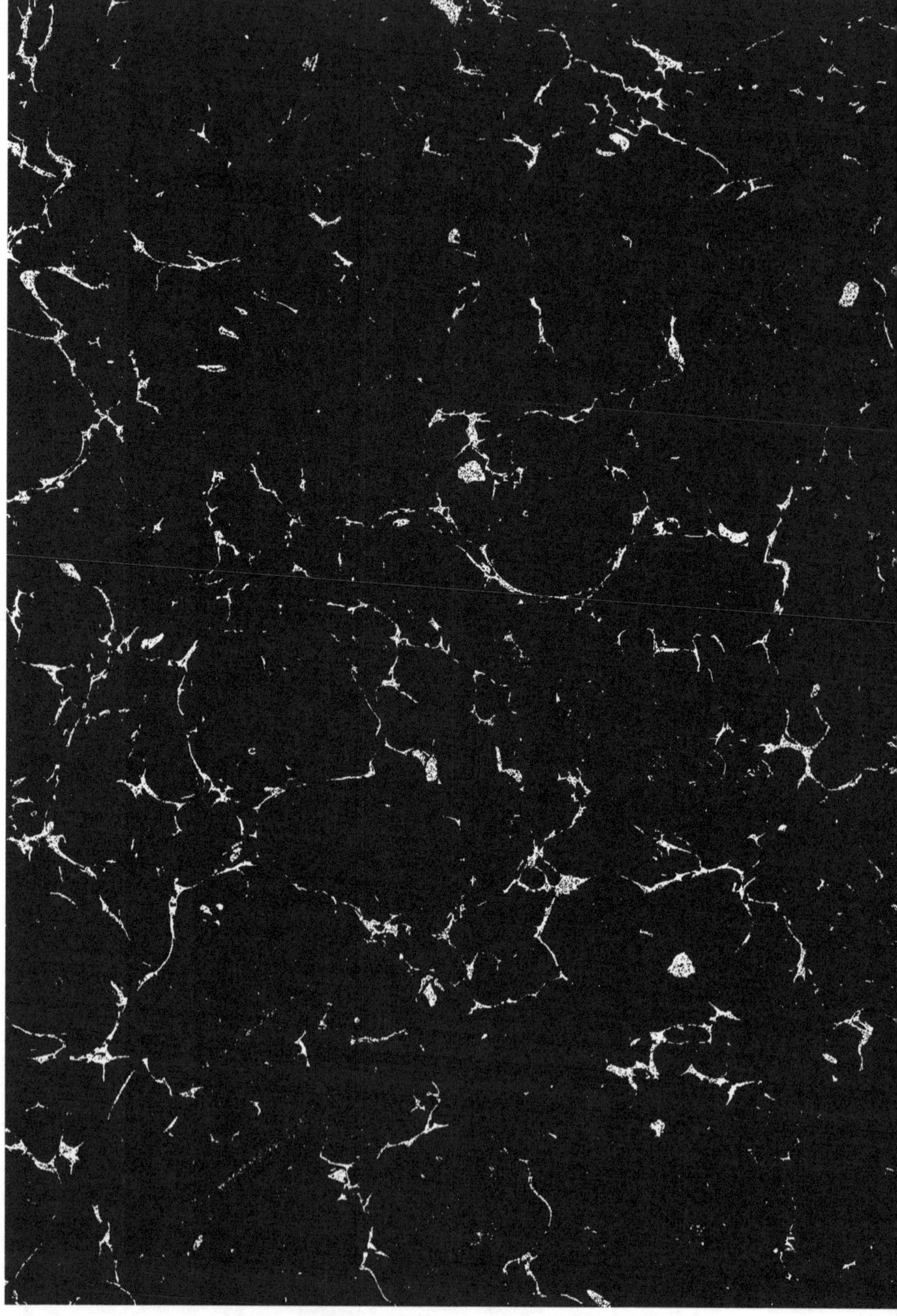

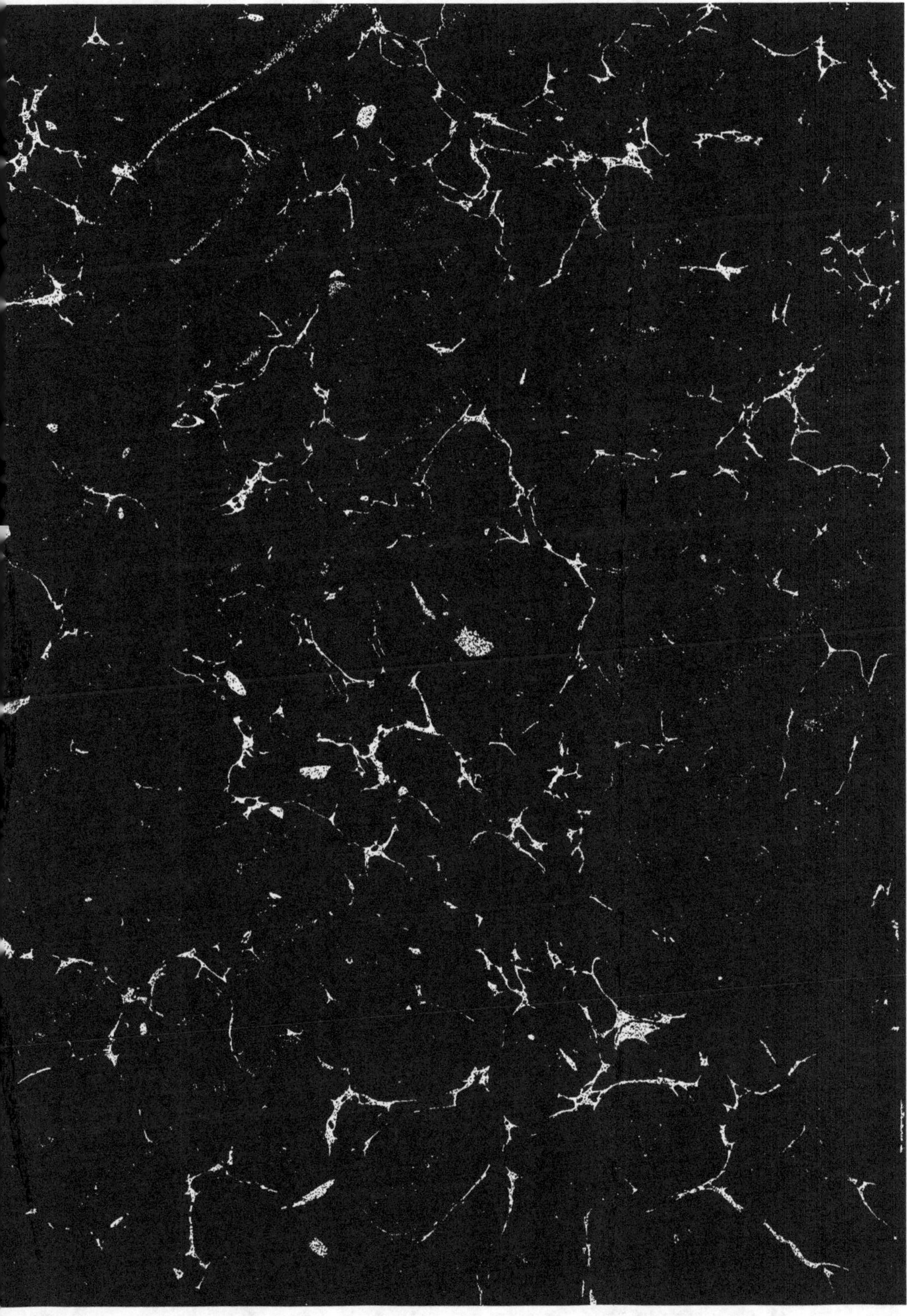

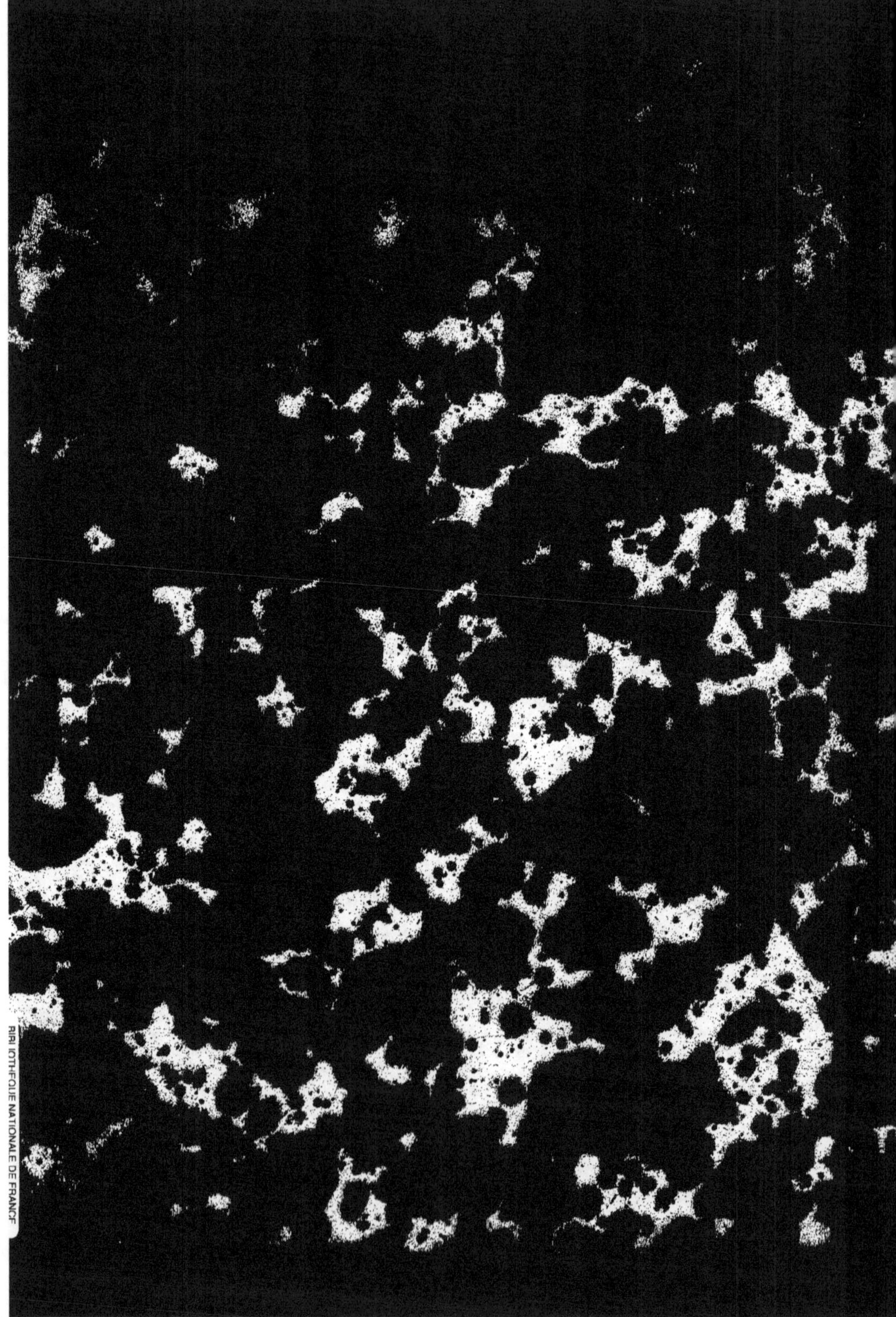

www.ingramcontent.com/pod-product-compliance
Lightning Source LLC
Chambersburg PA
CBHW061229030726
47595CB00004B/1443